Sitzungsberichte der Heidelberger Akademie der Wissenschaften
Mathematisch-naturwissenschaftliche Klasse
Jahrgang 1986, 2. Abhandlung

Gotthard Schettler

Der Stoffwechsel der Plasmalipoproteine und seine Bedeutung für die Pathogenese der Arteriosklerose

Mit 14 Abbildungen und 7 Tabellen

Vorgetragen in der Sitzung vom 6. Juli 1985

Springer-Verlag
Berlin Heidelberg New York Tokyo

Professor Dr. Dr. h.c. mult. Gotthard Schettler
Medizinische Universitätsklinik
Bergheimer Straße 58
6900 Heidelberg

ISBN-13: 978-3-540-16583-5   e-ISBN-13: 978-3-642-46583-3
DOI: 10.1007/978-3-642-46583-3

Das Werk ist urheberrechtlich geschützt. Die dadurch begründeten Rechte, insbesondere die der Übersetzung, des Nachdruckes, der Entnahme von Abbildungen, der Funksendung, der Wiedergabe auf photomechanischem oder ähnlichem Wege und der Speicherung in Datenverarbeitungsanlagen bleiben, auch bei nur auszugsweiser Verwertung, vorbehalten.
Die Vergütungsansprüche des § 54, Abs. 2 UrhG werden durch die „Verwertungsgesellschaft Wort", München, wahrgenommen.

© Springer-Verlag Berlin Heidelberg 1986

Die Wiedergabe von Gebrauchsnamen, Warenbezeichnungen usw. in diesem Werk berechtigt auch ohne besondere Kennzeichnung nicht zu der Annahme, daß solche Namen im Sinne der Warenzeichen- und Markenschutz-Gesetzgebung als frei zu betrachten wären und daher von jedermann benutzt werden dürften.
Satz: K + V Fotosatz GmbH, Beerfelden

I. Plasmalipide

Wir finden im wesentlichen vier verschiedene Lipide im Plasma (Abb. 1). Ihre Konzentrationen werden, wie wir heute wissen, empfindlich durch die Nahrungsfette, Umweltfaktoren und genetische Faktoren, Erkrankungen der inneren Organe und Medikamente beeinflußt. Die *Triglyceride* oder Neutralfette sind zusammen mit den Kohlenhydraten die Hauptenergiequelle des Körpers. Sie sind im Fettgewebe die Bausteine der Fettdepots und stellen Fettsäuren zur Oxidation zur Verfügung. Das häufigste *Phospholipid* im Plasma ist das Lecithin, in dem der Alkohol Cholin die Hauptkomponente darstellt. Ferner finden wir *Cholesterin* und *Cholesterinester*. Das Cholesterin ist ein Steroidderivat mit lipidähnlicher Lösungseigenschaft; es kommt ausschließlich in tierischen Organismen vor. In den Zellen ist es eine essentielle Strukturkomponente der Membran und Vorläufer der Gallensäuren, der Steroidhormone und des Vitamin D.

II. Plasmalipoproteine

Im menschlichen Plasma sind die Lipide integrale Bestandteile großer Partikel, der *Lipoproteine*. Wir unterscheiden entsprechend ansteigenden Dichten vier Lipoproteinklassen im menschlichen Plasma: Chylomikronen, das Very Low Density Lipoprotein (VLDL), Low Density Lipoprotein (LDL) und die High Density Lipoproteinpartikel (HDL). Die Größe der Lipoproteinpartikel variiert zwischen 60 Å (HDL) und 750 Å (Chylomikronen). Sie beinhalten sehr viele Fettmoleküle, das LDL-Partikel mit 190–250 Å hat z. B. etwa 1200 Cholesterinestermoleküle.

Die Proteinkomponenten der Lipoproteine sind *Apoproteine*, die in fünf Gruppen zusammengefaßt werden: Apo A, Apo B, Apo C, Apo D und Apo E. Die beiden wichtigsten A-Peptide, das Apo A I und das Apo A II, sind die Hauptproteinbestandteile des HDL. Das Apo B ist ein integraler und nicht austauschbarer Bestandteil der Chylomikronen, des VLDL und LDL. In den Chylomikronen treffen wir eine niedrigmolekulare Form des Apo B, das sogenannte B-48-Peptid an, den dem VLDL und LDL das B-100-Peptid. Die C-Peptide, die Apos C I, C II und C III, werden rasch zwischen den VLDL/Chylomikronen und den HDL-Partikeln ausgetauscht. Apo E kommt in der Chylomikronenfraktion, im VLDL und in der HDL-Klasse vor. Apo D ist eine Peptidkomponente, die für die weitere Darstellung keine Bedeutung hat.

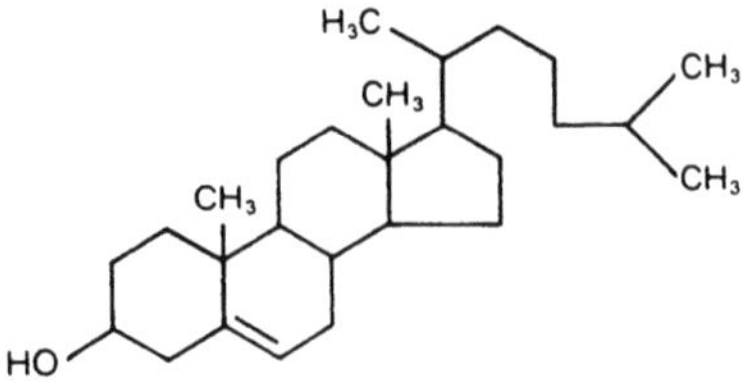

Cholesterin

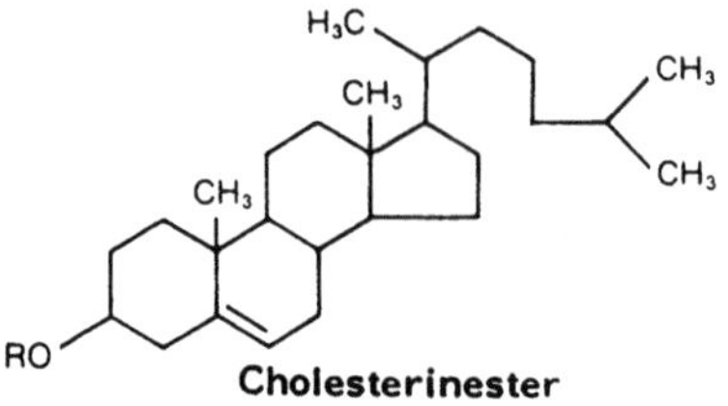

Cholesterinester

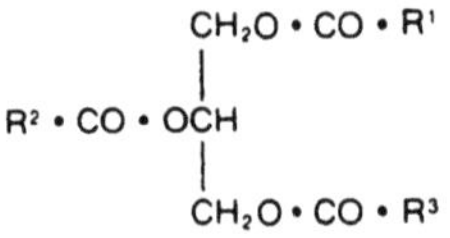

Triglycerid

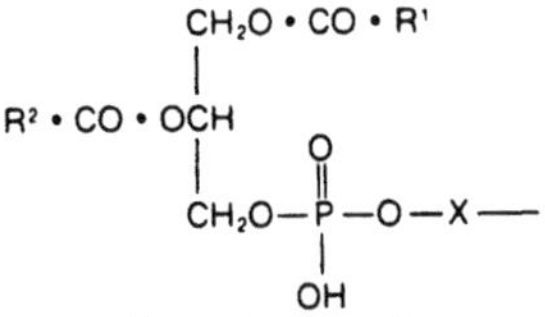

Phosphoglycerid

Abb. 1. Strukturformeln der wichtigsten Fette des menschlichen Blutplasmas
Die vier wichtigsten Blutfette haben eine unterschiedliche Struktur und sind bezüglich ihrer physikochemischen Eigenschaften sehr unterschiedlich.

Zur Struktur der Lipoproteine gibt es noch z. T. sehr kontroverse Vorstellungen. Allgemein ist jedoch die Annahme, daß die Lipoproteine aus einer hydrophilen Hülle bestehen und daß ein hydrophober Kern im Inneren der Partikel vorliegt. Der Lipidkern und die hydrophile Hülle scheinen eine hochorganisierte Struktur zu haben. Die polaren Kopfgruppen der Phospholipide sind an der Oberfläche der Partikel zu finden und dem wäßrigen Milieu exponiert, die Neutralfette (Triglyceride und Cholesterin) liegen im Kern des Lipoproteinpartikels. Die Apoproteine bilden Sekundär, Tertiär- und Quartärstrukturen aus und interagieren heterolog wie homolog sowie mit den Lipiden. Ein Charakteristikum der

Tabelle 1. Faktoren, die den Plasmalipidspiegel verändern

1. Physiologische Faktoren
   - Alter
   - Geschlecht
   - Nahrung
   - Ernährungszustand
   - körperliches Training
2. Erkrankungen folgender Organe
   - Leber
   - Bauchspeicheldrüse
   - Schilddrüse
   - Nieren
   - Gastrointestinaltrakt
   - Endokrinum
   - akute Erkrankungen
3. Medikamente
   - Hormone
   - Diuretika
   - Betablocker
   - Gallensäurebinder
   - Phenytoin
   - Antirheumatika
   - Antibiotika

Tabelle 2. Lipoprotein und Apoproteine

Lipoprotein	Dichte (g/ml)	Hauptapoproteine
Chylomikronen	0,93	B_{48}, C, A, E
VLDL	0,95–1,006	B_{100}, C, E
LDL	1,006–1,063	B_{100}
HDL	1,063–1,25	A, C, E

Struktur aller Apoproteine ist die abschnittsweise α-helikale Struktur über weite Bereiche der Aminosäurekette mit den polaren Gruppen auf der einen und den hydrophoben Gruppen auf der anderen Seite des Moleküls.

Die verschiedenen Lipoproteinklassen haben einen relativ konstanten Lipid- und Proteinanteil und können deshalb durch Dichtegradienten und Elektrophorese gut charakterisiert und separiert werden. Die Lipoproteine mit der geringsten Dichte (<0,95 g/ml) und der höchsten Lipidkomponente sind die Chylomikronen. Sie fehlen im Blut des nüchternen und stoffwechselgesunden Patienten.

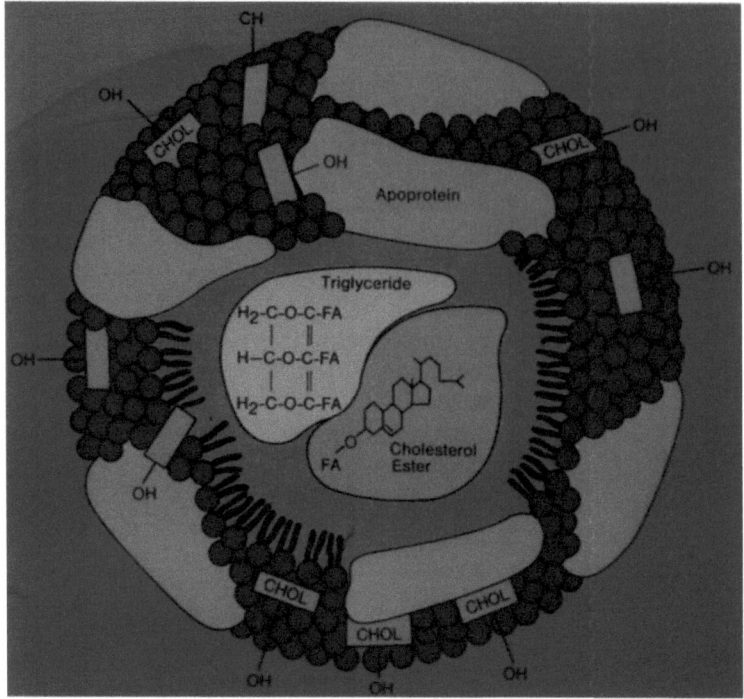

Abb. 2. Quartärsstruktur der Plasmalipoproteine schematisch
Die nichtpolaren Lipide wie die Cholesterinester und Triglyceride sind im hydrophoben Kernbereich eines Lipoproteins, während die polaren Phospholipide und freies Cholesterin mit den Apoproteinen die Partikel einhüllen.

Die VLDL haben einen Durchmesser von 350–750 Å und werden im Dichtegradienten zwischen 0,95–1,006 g/ml isoliert. Chylomikronen und VLDL sind beide sehr triglyceridreich. Das LDL hat eine Dichte von 1,006–1,063 g/ml und einen Durchmesser von 190–290 Å. Die HDL-Partikel haben den höchsten Proteinanteil und sind die kleinsten Partikel. Sie sind heterogen und bilden Subfraktionen. Ihr Durchmesser liegt zwischen 60–110 Å, ihre Dichte ist 1,063–1,21 g/ml.

III. Erhöhte Plasmalipide — ein Risikofaktor für die vorzeitige Arteriosklerose

Für die vorzeitige Entwicklung der Gefäßarteriosklerose, die sich oft durch Herzinfarkt schon im mittleren Lebensalter manifestiert, spielen Fettstoffwechselstörungen und besonders erhöhte Blutcholesterinspiegel als ein eigenständiger primärer Risikofaktor eine bedeutende Rolle. Da jedoch die Blutfettwerte in of-

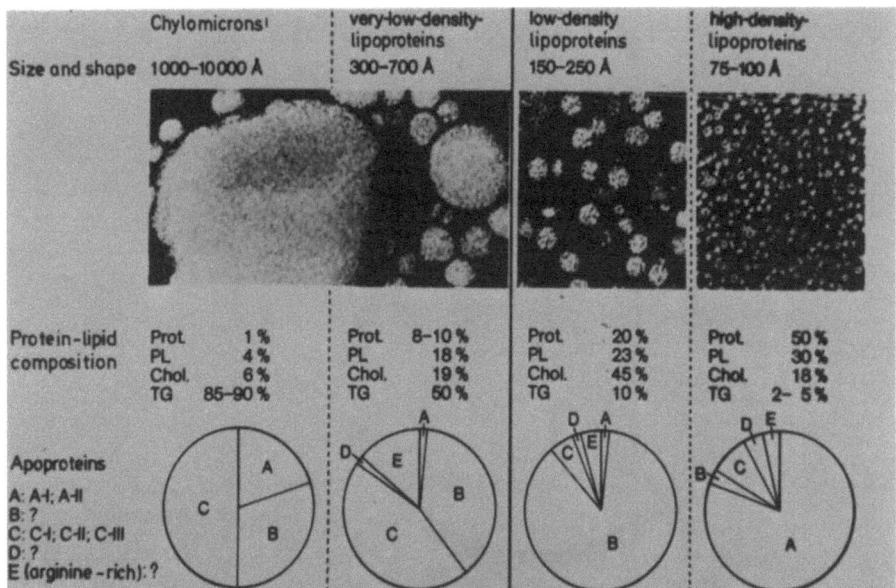

Abb. 3. Einteilung der Plasmalipoproteine nach ihren physikochemischen und biochemischen Eigenschaften

Die Plasmaliproteine haben eine unterschiedliche Eiweiß/Fett-Zusammensetzung. Deshalb unterscheiden die Partikel sich in der Dichte, elektrischen Ladung und Größe. Die Fraktionierung der Lipoproteine ist durch Ultrazentrifugation und elektrophoretische Auftrennung möglich. Elektronenmikroskopisch unterscheiden sich die Partikel durch ihre Größe. Fettstoffwechselstörungen sind häufig mit Veränderungen quantitativer und qualitativer Art im Lipoproteinprofil verknüpft.

fenbar gesunden Bevölkerungsgruppen stark variieren, kann es im Einzelfall oft schwierig sein, den Risikofaktor Hypercholesterinämie zu ermitteln. Als sicher pathologisch gelten Blutfettwerte, wenn sie eine Stoffwechselstörung selbst anzeigen, z. B. bei einer genetischen Hypercholesterinämie. In den westlichen Industriegesellschaften sind in der Bevölkerung insgesamt die Blutfette höher. Wir behelfen uns, indem wir Blutfettwerte jenseits der 95. Perzentile als pathologisch ansehen.

Während das Gesamtcholesterin und das sogenannte LDL-Cholesterin als Indikatoren für ein erhöhtes Risiko einer koronaren Herzkrankheit gesichert sind und vor allem in Kombination mit Rauchen, Bluthochdruck und Diabetes mellitus das Erkrankungsrisiko 10 – 20fach ansteigen lassen (Abb. 5), sind die Triglyceridspiegel nicht immer sichere Risikoparameter. Ohne weitere Differenzierung eines Lipidprofiles gelten heute folgende Richtwerte für die Behandlung von Fettstoffwechselstörungen:

Eindeutige Hypercholesterinämien sind nicht häufig, meistens liegen mäßig erhöhte Spiegel vor. Hier hilft eine Differenzierung des Blutcholesterins. Durch

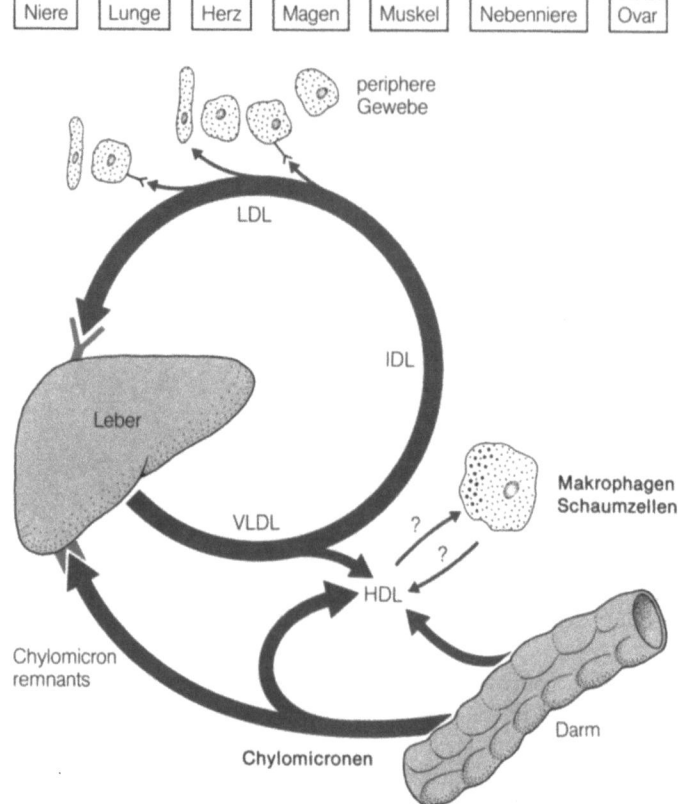

Abb. 4. Metabolismus der Plasmalipoproteine
Chylomikronen werden in Abhängigkeit der Nahrungsaufnahme im Darm gebildet und gelangen mit der intestinalen Lymphe in das Blut. Durch die Lipolyse der Lipide (Triglyceride) entstehen Restpartikel, die von der Leber über den Apo-E-Rezeptor identifiziert und aufgenommen werden. Damit werden die exogenen Nahrungsfette der Leber, dem zentralen Organ des Fettstoffwechsels, verfügbar.

In Abstimmung mit der Nahrungszufuhr synthetisiert die Leber VLDL-Partikel, die ebenso wie die Chylomikronen triglyceridreich sind. Durch die Hydrolyse der Triglyceride werden Kalorien den peripheren Geweben verfügbar. Die an Triglyceriden verarmten Endprodukte der Hydrolyse des VLDL sind die Cholesterinester-reichen LDL-Partikel. Diese Partikel führen Cholesterin den peripheren Geweben zu. Am höchsten – berechnet auf das Organgewicht – ist die Aufnahme von LDL in der Nebennierenrinde, dem Organ der Steroidhormonsynthese. In quantitativer Hinsicht kommt jedoch der Leber eine entscheidende Rolle zu. Die Leber synthetisiert die Gallensäuren aus dem Steroidgerüst. Eine gesteigerte Exkretion von Gallensäuren reflektiert eine gesteigerte Aktivität des LDL-Rezeptors. Erhöhte Gallensäurespiegel führen zum Verlust von hepatischen LDL-Rezeptoren.

Die HDL-Partikel entstehen in Leber und Dünndarm. Durch die Veresterung des zunächst freien Cholesterins werden die Partikel sphärisch und nehmen während der Lipolyse der Chylomikronen und des VLDL Apoproteine auf. HDL-Partikel sind – wie wir erst aus Arbeiten der letzten Jahre wissen – auch Akzeptoren für (überschüssiges?) zelluläres Cholesterin. Wir müssen annehmen, daß der Abtransport von Cholesterin aus Zellen zur Leber von großer Bedeutung für ein Aufrechterhalten der Cholesterinhomeostase ist.

Tabelle 3. Häufigkeit der Hypercholesterinämie in der Bevölkerung im Erwachsenenalter

Cholesterin >300 mg%:	ca. 1,5% der Erwachsenen
Cholesterin 200 – 300 mg%:	ca. 55% der Männer
	45% der Frauen
Cholesterin <200 mg%:	ca. 43% der Männer
	54% der Frauen

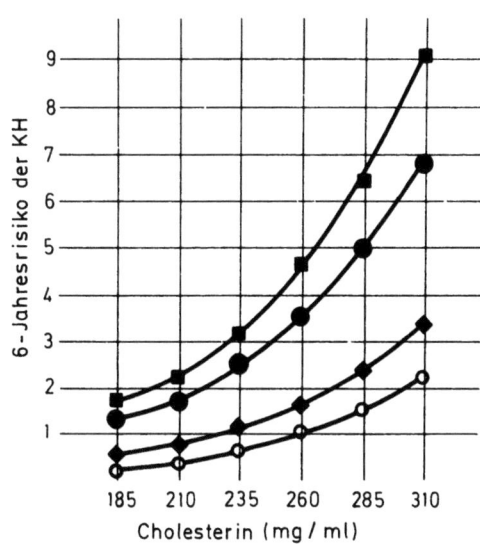

Abb. 5. Ansteigende Häufigkeit von koronarer Herzerkrankung beim Vorliegen von Hypercholesterinämie und weiteren Risikofaktoren (Framingham-Studie)
Innerhalb der Framingham-Studie wurde der Zusammenhang zwischen dem Gesamtcholesterin im Plasma und der Häufigkeit der koronaren Herzerkrankung innerhalb eines Zeitraumes von 6 Jahren untersucht. Es ergab sich ein Anstieg der Neuerkrankungen mit steigendem Plasmacholesterin (○). In der Gruppe von Rauchern (= 20 Zigaretten/die) war die Erkrankungshäufigkeit höher (◆). Zu einem dramatischen Anstieg der Koronarerkrankung kam es innerhalb des Beobachtungszeitraums, wenn neben der Hypercholesterinämie und Rauchen der Risikofaktor Bluthochdruck (180 mmHg syst.) auftrat (●) und eine leichte Form der Diabetes mellitus, der „Blutzuckerkrankheit" (■).

die Unterscheidung des „atherogenen" LDL-Cholesterins und des „protektiven" HDL-Cholesterins gelingt es dann auch bei nur mäßiger Erhöhung des Cholesterinspiegels den Risikofaktor Hypercholesterinämie herauszuarbeiten: Besonders gefährlich sind hohe LDL-Cholesterinwerte, vor allem, wenn der Gegenspieler des LDL, das HDL, erniedrigt ist.

Tabelle 4. Normale und pathologisch erhöhte Blutfette

Triglyceride:	1000 mg/dl	Risikofaktor für Pankreatitis
	500 – 1000 mg/dl	Sicher pathologisch
	250 – 500 mg/dl	Normal oder Risikoindikator (z. B. für KHK, wenn Verwandter 1. Grades mit einem Myokardinfarkt for dem 55. LJ bekannt)
	100 – 250 mg/dl	Normalbereich
Cholesterin:	260 mg/dl	Pathologisch
	240 mg/dl	Pathologisch, wenn Patient unter 35 Jahre
	220 mg/dl	Pathologisch, wenn Patient unter 25 Jahre
	185 mg/dl	Kein erhöhtes Risiko für KHK

IV. Einteilung der Fettstoffwechselstörungen

Störungen des Fettstoffwechsels betreffen einzelne Lipoproteinfraktionen sehr unterschiedlich. Es bedeuten nicht sämtliche Verschiebungen im Lipoproteinprofil auch eine Erhöhung des Risikos für Sekundärkrankheiten, wie z. B. vorzeitige Arteriosklerose. Versuche einer näheren Differenzierung von Fettstoffwechselstörungen auf der Ebene der Plasmalipoproteine gehen schon weit zurück. Mit Hilfe elektrophoretischer Trennverfahren für die Lipoproteine gelang es mehreren Arbeitsgruppen, bestimmte Phänotypen von Fettstoffwechselstörungen herauszuarbeiten, die später von FREDRICKSON in einem Katalog von Typen zusammengefaßt wurden. Die Methodik geht auf TISELIUS und meinen Lehrer BERNHOLD zurück. Wir haben die Trennung der Lipoproteine mit der Stärkegelelektrophorese erreicht und es gelang uns durch die zusätzliche Anwendung von Kältefällungen und der präparativen Ultrazentrifugation, Störungen im Stoffwechsel der Lipoproteine zu definieren und näher zu charakterisieren. FREDRICKSON verwendete dann zur Elektrophorese als Träger albuminbeschichtete Papierstreifen und erarbeitete fünf Phänotypen.

Die Typ I Hyperlipoproteinämie, deren charakteristisches Merkmal die Trübung des Nüchternplasmas durch Chylomikronen ist, die sich in einem milchigen Überstand separieren, zeigt in der Serumelektrophorese eine erhöhte Chylomikronenablagerung an der Auftragestelle der Probe. Bei der Typ II A-Erkrankung ist das LDL-Cholesterin stark erhöht, die Elektrophorese gibt die stark erhöhte LDL-Bande in der β-Bande der Serumproteine wieder. Bei der Typ III Hyperlipidämie tritt eine neue Bande, die sog. „prä-β-Bande", auf, die, wie wir heute wissen, einen Defekt im VLDL- und Chylomikronenstoffwechsel bedeutet.

Während die Typen I, II A und III nicht selten eine genetische Hyperlipoproteinämie bedeuten, so sind die Typen II B, IV und V meistens als sekundäre Störungen des Fettstoffwechsels zu sehen. Dazu kommt, daß im Verlauf einer Erkrankung diese Phänotypen häufig wechseln. So kann beim Diabetes mellitus

Der Stoffwechsel der Plasmalipoproteine 13

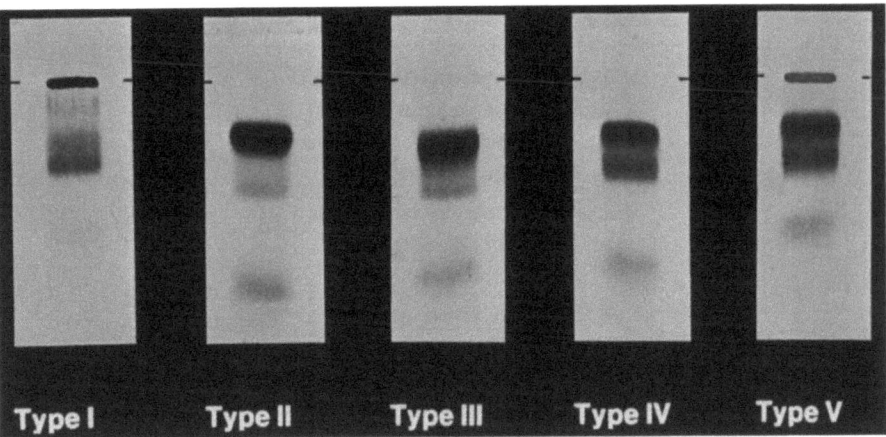

Abb. 6. Charakterisierung von Fettstoffwechselstörungen durch die Lipoproteinelektrophorese
Die Lipoproteinpartikel des menschlichen Serums wandern im elektrischen Feld aufgrund ihrer Oberflächenladung. Durch fettspezifische Färbungen sind sie auf dem Trägermaterial, z. B. Celluloseacetatpapierstreifen, zuverlässig nachzuweisen. Jede Lipoproteinspezies hat eine bestimmte Wanderungsgeschwindigkeit. Unter den Standardbedingungen bleiben die Chylomikronen an der Auftragestelle liegen, während LDL, VLDL und HDL mit in dieser Reihenfolge steigender Geschwindigkeit anodenwärts bewegt werden. Durch Abweichungen vom Normalspektrum der Plasmalipoproteine lassen sich durch die Lipoproteinelektrophorese fünf Phänotypen von Fettstoffwechselstörungen differenzieren.

z. B. ein Typ II B oder Typ IV auftreten und dann in einen Typ V übergehen. Oft weisen diese Phänomene auf eine unzureichend behandelte Primärerkrankung hin.

Heute ersetzt man die phänotypische Aufgliederung der Fettstoffwechselstörungen zunehmend, da sie sowohl die Genetik wie die Umweltfaktoren vernachlässigt. Bei der Einteilung heute geht man zunächst vereinfachend davon aus, welche Lipidklasse im Plasma des Patienten erhöht ist (Tabelle 5). Bei Verdacht auf primäre Hyperlipoproteinämie versucht man dann durch funktionelle und strukturelle Charakterisierung der Apoproteine und deren Rezeptoren Defekte durch molekulare Methoden und Funktionstests zu erarbeiten. Gentechnologische Verfahren finden bereits ihre Anwendung zum Studium genetischer Polymorphismen und der Regulation der Expression der genetischen Information des LDL-Rezeptors. Es stehen schon Daten zur Verfügung, die es erlauben, Rückschlüsse auf die Funktion einzelner Abschnitte der LDL-Lipoproteinrezeptormoleküle und Apoproteinmoleküle zu ziehen.

Betrachten wir zuerst die Hypercholesterinämien (Tabelle 6):
Isolierte Hypercholesterinämien bedeuten in den überwiegenden Fällen eine Erhöhung der LDL-Plasmaspiegel. LDL transportiert ja 2/3 des Plasmacholesterins, HDL dagegen nur 1/5. Die überwiegende Zahl der Hypercholesterinämien

Tabelle 5. Einteilung der Hyperlipidämien

1. Isolierte Hypertriglyceridämien
   a) Chylomikronämie (exogen)
   b) Erhöhung der VLDL (endogen)
   c) Gemischte Formen
2. Isolierte Hypercholesterinämie
   a) Erhöhte LDL-Spiegel
   b) Erhöhte HDL-Spiegel
3. Kombinierte Hyperlipidämie
   a) Dysbetalipoproteinämie
   b) Erhöhte VLDL- und LDL-Spiegel
   c) Erhöhte VLDL-Spiegel

Tabelle 6. Ätiologie der Hypercholesterinämie (Frequenz 5:100)

1. Familiäre Hypercholesterinämie (2/1000)
   Autosomal dominanter Defekt des LDL-Rezeptors
2. Familiär kombinierte Hyperlipidämie (5/1000)
3. Polygene Hypercholesterinämie
4. Sekundäre Hypercholesterinämie
   (z. B. Hypothyreose, biliäre Zirrhose)

tritt sekundär auf, z. B. infolge gesteigerter Cholesterinzufuhr mit der Nahrung, in Assoziation mit Erkrankungen wie Schilddrüsenunterfunktion, dem sog. Nephrotischen Syndrom, der Porphyrie, Lebererkrankungen wie Gallengangsverschlüssen und primär biliärer Zirrhose und selten dem Myelom. 10% der Hypercholesterinämien sind genetisch bedingt, davon haben etwa 2/3 polygene Ursachen. Obwohl bei den genetischen Hypercholesterinämien zu den endogenen Faktoren auch eine exogene Belastung hinzukommt und Mischbilder zustande kommen, so ist die monogene *Familiäre Hypercholesterinämie,* die etwa 4% aller Hypercholesterinämien ausmacht, die am besten verstandene Störung des Fettstoffwechsels. Hier haben in den letzten Jahren bahnbrechende Forschungsarbeiten im Labor von GOLDSTEIN und BROWN in Dallas stattgefunden. Die Familiäre Hypercholesterinämie wird autosomal dominant vererbt und führt in der reinerbigen Form zu exzessiv erhöhten Plasmacholesterinspiegeln. In den meisten reinerbigen Formen finden wir Plasmacholesterinwerte zwischen 300 bis 400 mg/dl, also deutlich über den normalen Werten. Die VLDL und HDL liegen immer im Normbereich. Klinische Leitsymptome sind nicht selten Xanthome der Achillessehnen, Xanthelasmen, ein Arcus corneae am Auge oder geringgradige Aortenstenosen. Patienten mit mischerbiger Familiärer Hypercholesterinämie sind immerhin mit einer Häufigkeit von 5 – 10% unter den Herzinfarktpatienten unter 50 Jahren zu finden. In der reinerbigen Form kommt es zu besonders tragischen Verläufen. Nicht selten führt eine akzelerierte Koronarsklerose zum frühzeitigen Herztod vor dem 20. Lebensjahr.

Entscheidend bei dieser Krankheit ist ein Defekt im Katabolismus des LDL. Die mittlere Lebensdauer des LDL-Partikels bei reinerbiger FH liegt bei 6 Tagen, verglichen mit 2,5 Tagen beim Gesunden. Als Konsequenz entsteht ein hoher Plasmacholesterinspiegel, der das 3 – 4fache der Norm erreicht. Die Ursache ist

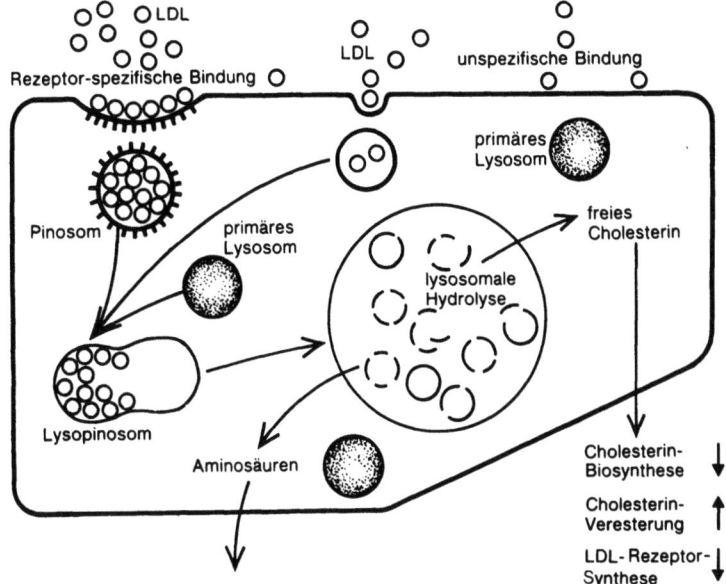

Abb. 7. Endozytose des low density lipoprotein (LDL)

Das abgebildete Modell wurde von Goldstein und Brown an kultivierten Fibroblasten erarbeitet. Es zeigt schematisch, daß LDL spezifisch und mit hoher Affinität von membranständigen LDL-Rezeptoren gebunden wird. Diese Rezeptoren sind ganz überwiegend in sogenannten „coated pits" lokalisiert. Aus dieser Region bilden sich Vesikel aus, die Pinosomen. Die Pinosomen fusionieren mit den Lysosomen, die Enzyme zur Verdauung von Eiweiß und Fett beinhalten und das LDL-Cholesterin, das hauptsächlich als Cholesterinester vorliegt, hydrolysieren. Der LDL-Rezeptor wandert zurück zur Zellmembran, etwa 150mal im Durchschnitt, bevor der Rezeptor degradiert. Ein Endozytosezyklus dauert etwa 20 Minuten.

Durch die Hydrolyse der Cholesterinester des LDL wird freies Cholesterin u. a. zur Membransynthese verfügbar. Freies Cholesterin wirkt regulatorisch auf die Cholesterinbiosynthese durch eine Hemmung der HMG-CoA-Reduktase, dem Schlüsselenzym der endogenen Steroidsynthese. Weiterhin kommt es zu einer Suppression der LDL-Rezeptorsynthese und zu einer gesteigerten Aktivität des Enzyms ACAT, das zur Wiederveresterung des freien Cholesterin führt. In manchen Zellen werden Cholesterinester in Form von zytoplasmatischen Fetttröpfchen gespeichert.

ein Defekt der LDL-Aufnahme (Endozytose) in den Zielgeweben des LDL, besonders in der Leber (Abb. 7). In den meisten Fällen liegt ein Defekt der LDL-Bindung an den LDL-Rezeptor vor. Beim Normalen ist der LDL-Rezeptor ein membranständiges Glykoprotein aus 838 Aminosäuren. Die wirkliche Form des Rezeptors ist nicht bekannt, wir behelfen uns deshalb durch ein Schema (Abb. 8). Wir sehen, daß die Bindungsstelle des LDL im Normalen im N-terminalen Abschnitt des extrazellulär liegenden Teils des Moleküls lokalisiert ist. Eine Reihe von Strukturdefekten im Rezeptormolekül können zu einem Verlust der Affinität des Rezeptors zum LDL-Liganden führen. In vielen Fällen ändert sich die Struktur nur unerheblich, da Punktmutationen nur eine Position der Aminosäurensequenz verändern. In anderen Fällen der FH entstehen defekte Rezeptoren mit Überlängen der Aminosäurenkette oder Rezeptoren (Abb. 9), denen schlicht ein Teilabschnitt zum funktionsfähigen Rezeptor fehlt. Überlängen kommen z. B. zustande durch Überlesen des Stopcodons bei der Translation der messenger-

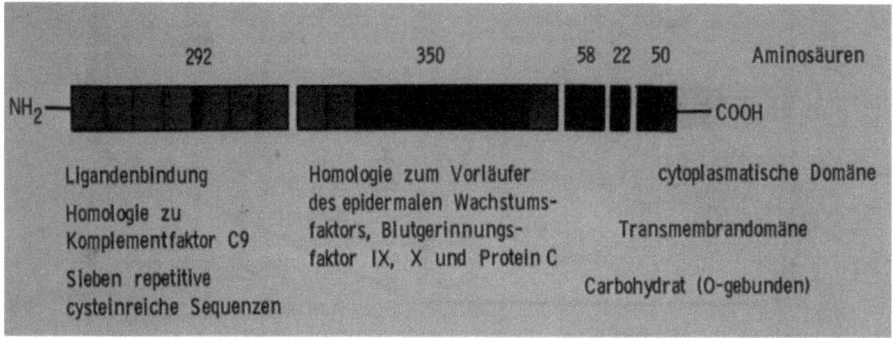

Abb. 8. Genstruktur des LDL-Rezeptors

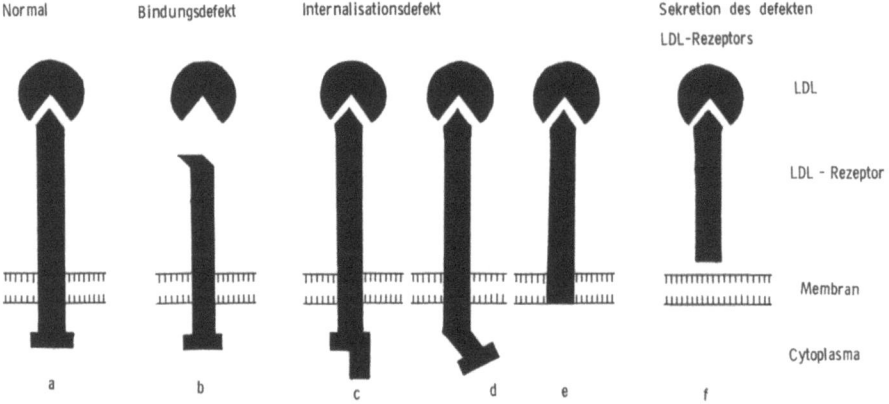

Abb. 9. Defekte des LDL-Rezeptors

RNS des Rezeptors, so daß das Rezeptormolekül einen seine Funktion behindernden „Schwanz" aus nutzlosen Aminosäuren erhält. Ein anderer Fall wurde entdeckt, bei dem eine Überlänge des Rezeptormoleküls auf die Insertion von zusätzlichem genetischem Material in das Rezeptorgan, also auf einen Rekombinationsdefekt, zurückzuführen ist. Ein nicht funktionsfähiger LDL-Rezeptor mit verkürzter Aminosäurenkette entsteht in einem anderen Patienten durch vorzeitigen Abbruch der Synthese. Es fehlt dann der beim Normalen intrazellulär liegende carboxyterminale Abschnitt des Moleküls, der den LDL-Rezeptor stabil in der Zellmembran verankert. Interessanterweise kann in einem solchen Fall die Sekretion des LDL-Rezeptors aus den Zellen in der Zellkultur beobachtet werden. Offenbar fehlt die sogenannte Membrandomäne.

Durch die Anwendung molekularbiologischer Techniken gelang es vor kurzem, die Nukleinsäurensequenz des LDL-Rezeptors zu entschlüsseln, eine Untersuchung, die nun Vergleiche über Gemeinsamkeiten in der Genstruktur mit schon entschlüsselten Genen ermöglicht. Dabei ergeben sich für die Evolution von Eiweißmolekülen eukaryonter Lebewesen sehr interessante Beobachtungen, die auch besonders Arterioseforscher zu neuem Nachdenken anregen sollten. Am N-terminalen Ende des LDL-Rezeptormoleküls bestehen auffällige Ähnlichkeiten mit dem Komplementfaktor C 9, der folgende Abschnitt hat auffallende Homologien zum epidermalen Wachstumsfaktor, einem Protein, das empfindlich zelluläres Wachstum anregen kann. Darüber hinaus liegen hier auch Homologien zu Blutgerinnungsfaktoren. Homologien auf der genetischen Ebene bedeuten aber, daß diese Proteine in der Evolution eine gemeinsame Wegstrecke zurückgelegt haben und der LDL-Rezeptor tatsächlich ein Mosaikprotein ist. Wir verstehen allerdings noch nicht, dieses Wissen auf die Biologie der Arteriosklerose anzuwenden und zu interpretieren.

Fest steht jedoch, daß die familiäre Hypercholesterinämie eine Modellkrankheit ist, die weit über die Arterioskleroseforschung in ihrer Bedeutung hinausgreift und grundlegende Einsichten in pathogenetische Abläufe bei Rezeptordefekten ermöglicht, ja die möglicherweise auch für die Anwendung neuer Therapieformen, wie in der Gentherapie, eine herausragende Rolle spielen wird.

Häufig finden wir auch *kombinierte Hyperlipidämien,* die dann gegeben sind, wenn sowohl das Cholesterin als auch die Triglyceride erhöht sind. Viele kombinierte Hyperlipidämien sind sekundär, wie z. B. beim Nephrotischen Syndrom, und viele familiär auftretende Formen bedürfen dringend besserer Definition. Eine Form der kombinierten Hyperlipidämie verdient aber besonderes Interesse — es ist die *klassische Hyperlipidämie Typ III* (s. o.), die durch die Lipidelektrophorese entdeckt wird und die sog. prä-β-Bande liefert, die in der Lipoproteinelektrophorese des Stoffwechselnormalen nicht auftritt. Die Bande beinhaltet Restpartikel aus dem Abbau der triglyceridreichen Lipoproteine, die ja das Apo E-Peptid enthalten. Diese Patienten haben ein hohes Risiko für eine vorzeitige Gefäßarteriosklerose, die dann etwas häufiger die peripheren Arterien als die Koronararterien des Herzens befällt. Oft wird durch eine Umstellung der Ernährung schon eine Normalisierung der Blutfette erreicht und möglicherweise die Arteriosklerose verhindert.

Diese Erkrankung verdient unser besonderes Interesse, da ein genetischer Polymorphismus des Apoprotein E für sie bedeutsam ist und das Entstehen einer atherogenen Lipoproteinfraktion unter Diätfehlern studiert werden kann.

Wir kennen 3 Allele für das Apoprotein E: E2, E3 und E4. Diese führen zu drei homozygoten Serotypen Apo E2/E2, Apo E3/E3 und Apo E4/E4 sowie heterozygoten Formen: Apo E2/E3 etc. Die Allele treten in der Bevölkerung in unterschiedlicher Häufigkeit auf, z. B. sind 70% der Bevölkerung homozygot für E3. 1% der Bevölkerung hat jedoch den homozygoten Serotyp Apo E2/E2. Auffällig war, daß diese E2-Reinerbigkeit mit einem signifikant niedrigen Serumcholesterinspiegel verknüpft ist und bei etwa jedem 20. E2-Homozygoten eine Typ III Hyperlipidämie auftritt. Untersuchungen mit Apo E-Vesikeln, das sind künstliche Membranen mit integriertem Apo E, haben ergeben, daß das Apo E mit deutlich reduzierter Affinität an den E-Rezeptor der Leber bindet, so daß durch diesen Bindungsdefekt die Akkumulation von Apo-E-haltigen triglyceridreichen Restpartikeln des VLDL und der Chylomikronen mitverursacht sein kann (Tabelle 7). Das würde auch im Fall der Typ III Hyperlipidämie die dominierende Rolle der Lipoproteinrezeptoren der Leber im Lipidstoffwechsel bewirken. Andererseits wissen wir, daß offensichtlich die Restpartikel der Chylomikronen durch eine Stimulation der Lipaseaktivität im Serum in Typ III Patienten reduziert werden, nicht aber die VLDL-Restpartikel. Dieser Befund würde darauf hindeuten, daß die Chylomikronen und VLDL letzlich in unterschiedlicher Weise von einem funktionsfähigen Apo E-Molekül abhängen, die Chylomikronen bezüglich ihrer Interaktion mit den Lipasen und die VLDL-Restpartikel bezüglich ihrer Interaktion mit dem E-Rezeptor der Leber. Konsequenz des Defektes in der VLDL-LDL-Kaskade und dem Chylomikronenrezeptor ist jedoch ein erniedrigter Cholesterinspiegel, einmal weil weniger cholesterinreiche LDL-Parti-

Tabelle 7. Bindungsaktivität von Varianten des Apo E an den Apo B,E-Rezeptor (LDL-Rezeptor)

Position des Apo E bei isoelektrischer Fokussierung	Aminosäureaustauschposition	% der Bindungsaktivität des normalen Apo E an den hepatischen Apo B,E-Rezeptor (LDL-Rezeptor)
E3 (Normal)	–	100
E2	Arg 158 → Cys	2
E2	Arg 145 → Cys	45
E2	Lys 146 → Glu	40
E4	Cys 112 → Arg	100

kel entstehen und zweitens, weil weniger Chylomikronen (und damit Nahrungscholesterin) der Leber verfügbar werden.

Kommen wir nun zu den *Hypertriglyceridämien*. Isolierte Hypertriglyceridämien sind häufig mit sehr hohen Chylomikronen- und VLDL-Spiegeln im Plasma verbunden. Oft weisen sie darauf hin, daß das Blut nicht am nüchternen Patienten gewonnen wurde. Bestehen Hypertriglyceridämien unter adäquaten diagnostischen Bedingungen, so sind sie ganz überwiegend sekundärer Genese. Oft erklärt ein starker Alkoholkonsum, ein Diabetes mellitus, eine Nieren- und Lebererkrankung, eine Steroidbehandlung oder die Einnahme von Kontrazeptiva die Erhöhung der Triglyceride. Nur wenige Hypertriglyceridämien entstehen familiär.

Kommt es am nüchternen Patienten zu einer Chylomikronämie, so ist eine endogene Ursache zu suchen. Chylomikronen im Nüchternserum weisen auf einen Mangel an funktionstüchtiger Lipoproteinlipase oder einen Mangel an C II, dem Lipaseaktivatorpeptid der triglyceridreichen Lipoproteine, hin. Diese Patienten haben einen autosomal rezessiven Erbgang und in der Lipoproteinelektrophorese den Phänotyp I nach FREDRICKSON. Bei ihnen tritt keine vorzeitige Arteriosklerose auf, aber sehr häufig Bauchkoliken, Bauchspeicheldrüsenentzündungen sowie eruptive Xanthome und Hepatosplenomegalie.

Ob nicht auch manche Hypertriglyceridämien ein erhöhtes Arterioskleroserisiko bedeuten, muß gegenwärtig noch offenbleiben.

Die Schlüsselfrage ist aber: Weshalb sind das LDL, die Chylomikronen-Restpartikel, die VLDL-Restpartikel atherogen? Hier ergeben sich experimentelle Ansätze aus Beobachtungen an den arteriosklerotischen Plaques, die durch experimentelle Hyperlipidämie in mehreren Tierspezies auszulösen sind. In der Zytogenese der Arteriosklerose bei Hyperlipidämie sind mehrere Phänomene heute aufgrund außergewöhnlich umfangreicher elektronenmikroskopischer und zytologisch-mikroskopischer Untersuchungen unumstritten (Abb. 10).

V. Zytogenese der Arteriosklerose bei Hypercholesterinämie

Die Plasmacholesterinspiegel sind durch cholesterinreiche Diät in einigen Tierspezies dramatisch anzuheben. Einige dieser Tierspezies sind als Modell für die menschliche Arteriosklerose geeignet, da arteriosklerotische Plaques in den Arterienwänden auftreten, die eine sehr ähnliche Morphologie zur menschlichen Läsion der Arterienwände haben. In Ratten, Kaninchen, Affen beginnen etwa 14 Tage nach einer experimentellen Hypercholesterinämie Leukozyten, meist Monozyten, sich auf dem Endothel abzusetzen. Das Endothel ist die dem Gefäßlumen nächste Zellschicht. Bei Fortdauer der Hypercholesterinämie wandern diese Monozyten unter die Endothelzelltapete in den subendothelialen Raum, wo sie zu schaumzelligen Makrophagen konvertieren. Wie sehen dieses Phänomen in den sogenannten Frühläsionen dieser Tiere nach Wochen und Monaten. Beim ge-

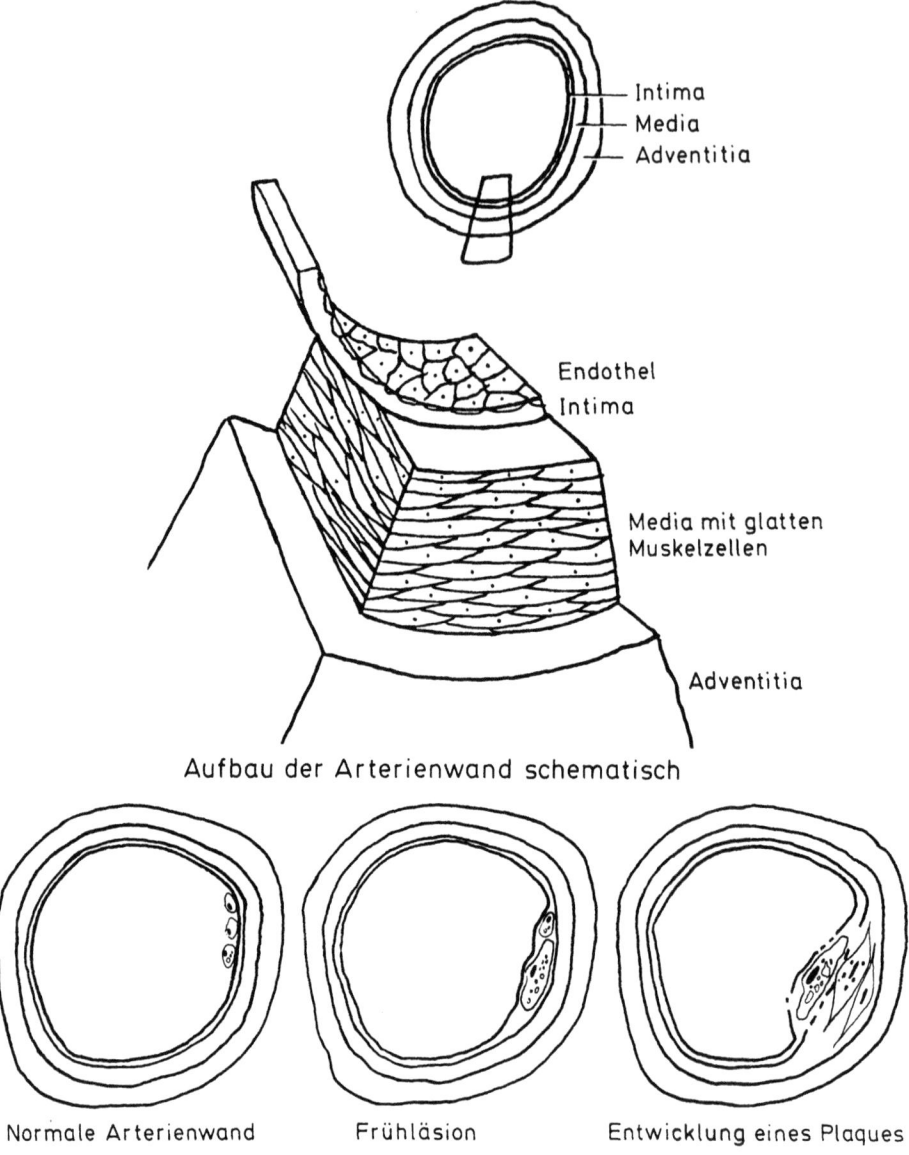

Abb. 10. Zytogenese der Arteriosklerose

Bei exzessiver Hypercholesterinämie kommt es zunächst zu einer vermehrten Adhäsion von Monozyten an das Endothel der Arterienwand und schließlich lokal zu einer vermehrten Invasion von Monozyten/Makrophagen in den subendothelialen Raum. Dort konvertieren die Makrophagen zu Schaumzellen, dem zellulären Charakteristikum der frühen Arterienläsion. Später kommt es zu Läsionen der Endothelzellen und zur massiven Proliferation von glatten Muskelzellen. Das Lumen der Arterie wird durch das Atherom massiv eingeengt, durch den freien Kontakt zwischen Blutplättchen und der entendothelialisierten Arterienwand wird die Entstehung einer Koronarthrombose ausgelöst, die bei Verschluß des Gefäßes einen Infarkt auslösen kann.

sunden Menschen treten in den Arterien die sogenannten Fettstreifen mit sehr ähnlicher Morphologie etwa ab dem 10. Lebensjahr auf. Die Schaumzellen mit charakteristischen zytoplasmatischen Fetteinschlüssen dominieren in der Frühläsion. Diese Frühläsionen sind die Vorläufer des reifen arteriosklerotischen Plaques. Reife Plaques haben nur wenige makrophagozytäre Schaumzellen und sind überwiegend aus proliferierenden Muskelzellen aufgebaut. Daneben finden sich Cholesterinkristalle, Kalk und nekrotisches Material. Die Auslöser der Proliferation der glatten Muskelzellen sind unklar. Bei exzessiver Hypercholesterinämie sind auch in den glatten Muskelzellen Lipideinschlüsse typisch, so daß es oft schwierig ist, selbst durch Ultrastrukturanalyse die glatten Muskelzellen von Makrophagen zu differenzieren. Aus zahlreichen und gründlichen Untersuchungen wissen wir jetzt, daß bei Versuchstieren der Cholesterinspiegel und die Dauer der Hypercholesterinämie die Ausbreitung und die Entwicklung der proliferativen Läsion und letztlich den Schweregrad einer Arteriosklerose bestimmen. Es ergibt sich dann, daß die hervorgerufene Schädigung der Endotheltapete die Blutplättchen und Gerinnungsaktivatoren in Kontakt bringt, und es kommt zur Ausbildung muraler Thromben, einem Ereignis, das häufig am Anfang von Schlaganfällen und Herzinfarkten zu vermuten ist, da es zum Gefäßverschluß führen kann.

VI. Lipoproteine und ihre mögliche Rolle in der Atherogenese

Nach gesicherten Erkenntnissen der Epidemiologie und experimentell begründeten Vorstellungen zur Pathophysiologie des Lipoproteinstoffwechsels müssen die Chylomikronen-Restpartikel und die VLDL-Restpartikel (= IDL) besonders bei der Typ III-Hyperlipoproteinämie sowie das LDL-Partikel als atherogene Lipoproteine betrachtet werden. Da die LDL-Partikel aus Normalen und Patienten mit Familiärer Hypercholesterinämie keine wesentlichen strukturellen Unterschiede haben, liefert die Familiäre Hypercholesterinämie direkte Evidenz und die besten Beweise für die Atherogenität eines Lipoproteins.

Das Paradox der Familiären Hypercholesterinämie besteht darin, daß in bestimmten Zellen der Arterienwand eine vermehrte Aufnahme und Speicherung von Cholesterin erfolgt. Infolgedessen treten Schaumzellen in den sogenannten Frühläsionen im subendothelialen Raum der Arterienwand auf. Dieses Phänomen ist paradox, da Zellen mit defekten LDL-Rezeptoren hundertfach vermehrt Cholesterin aufnehmen und speichern. Histochemische Untersuchungen dieser Schaumzellen der Frühläsion zeigen, daß die Schaumzellen von ursprünglich zirkulierenden Monozyten abstammen, die unter die Endotheltapete in die Arterienwand eingewandert sind. Dort werden sie als Zellen mit dem Ersatzaufnahmemechanismus für LDL durch das vermehrt in den subendothelialen Raum der Arterie vordringende LDL belastet. Infolgedessen konvertieren sie schließlich zu Schaumzellen. Versuche, Monozyten in Kultur durch Gegenwart von hohen

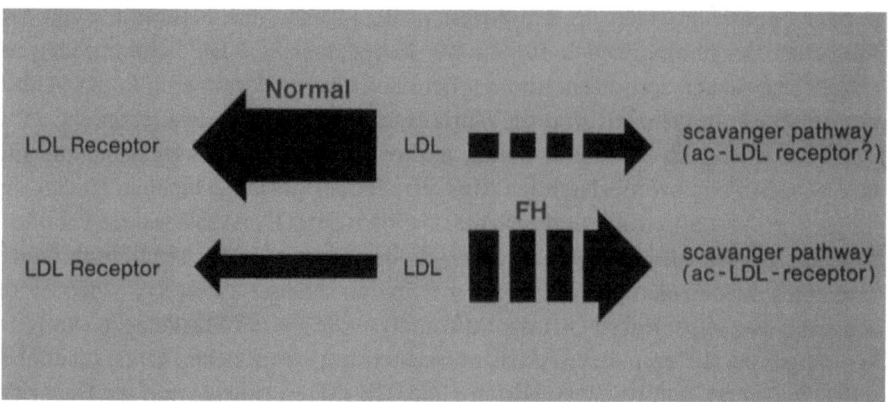

Abb. 11. Abbauwege des Low Density Lipoprotein (LDL) bei Normaler und Familiärer Hypercholesterinämie

Beim Normalen erfolgt der Metabolismus des LDL im wesentlichen über den LDL-Rezeptorweg. Bei defektem LDL-Rezeptor spielen sogenannte „scavanger"-Wege oder auch Ersatzabbauwege für LDL dagegen eine wesentliche Rolle. Das LDL wird bei Familiärer Hypercholesterinämie vermehrt über „scavanger"-Rezeptoren für LDL von den Zellen verstoffwechselt. Diese Rezeptoren sind im retikuloendothelialen System (u. a. in Leber und Milz) konzentriert. Diese Wege haben möglicherweise Bedeutung bei der Konversion von Monozyten/Makrophagen zu Schaumzellen, wie wir sie in der Arterienwand und besonders in Leber und Milz bei der Familiären Hypercholesterinämie beobachten.

Konzentrationen von LDL zu Schaumzellen zu konvertieren, waren jedoch erfolglos. Man mußte deshalb von der Möglichkeit ausgehen, daß am Monozyten hochspezifische Ersatzrezeptoren für die Aufnahme atherogener Lipoproteine existieren, die das Schaumzellenphänomen hervorrufen und möglicherweise in der Pathogenese der Arteriosklerose bei Hyperlipidämie entscheidende Bedeutung haben. Solche Rezeptoren auf Zellen außerhalb der Arterienwand können gleichzeitig auch Lipoproteine abfangen und deren Aufnahme durch die Monozyten/Makrophagen und die Entfaltung ihrer Atherogenität in der Arterienwand verhindern. Dieselben Mechanismen für die Aufnahme von Lipoproteinen durch Zellen könnten demnach in der Atherogenese sehr ambivalente Rollen haben.

Die Schaumzellenbildung ist bisher in vitro nur mit Monozyten und Makrophagen und chemisch modifizierten LDL zu simulieren. Diese Untersuchungen führten zur Vermutung, daß LDL auch in vivo in modifizierter Form vermehrt von Monozyten/Makrophagen der Gefäßwand verstoffwechselt werden könnte. LDL wird mittels Transzytose durch die Endothelzellen in den subendothelialen Raum eingeschleust. In vitro modifizieren Endothelzellen LDL derart, daß die Elektronegativität des Partikels deutlich zunimmt. Diese sogenannten „EC-LDL" akkumulieren in vitro sehr stark in Makrophagen. Die Elektronegativität der LDL ist auch durch Modifikation mit Malondialdehyd, einem Produkt des Stoffwechsels der Blutplättchen, zu erhöhen, ebenso durch Acetylierung mit

Acetanhydrid. Solchermaßen modifizierte LDL versorgen Monozyten hochaktiv und effizient mit Cholesterinestern und lösen die Konversion dieser Zellen zu Schaumzellen aus. Kürzlich wurden auch aus der Arterienwand modifzierte, elektronegative LDL-Partikel mit ganz ähnlicher Aktivität gewonnen.

Die Charakterisierung der Rezeptoren für diese möglicherweise atherogenen Formen des LDL hat augenblicklich in der Arterioskleroseforschung einen bedeutenden Stellenwert. Auch meine Gruppe bearbeitet wichtige Aspekte und will zur Charakterisierung der Rezeptoren für modifizierte LDL-Partikel beitragen. Dabei arbeiten wir eng mit dem Baylor College of Medicine in Houston und einer Arbeitsgruppe am Deutschen Krebsforschungszentrum zusammen.

Uns ist kürzlich gelungen, das Rezeptorprotein aus den Makrophagen unter Verwendung von Tumorgewebe monozytären Ursprungs biochemisch zu charakterisieren. Dabei ergab sich, daß ein komplexes Membranmolekül mit hohem Molekulargewicht vorliegt. Wir erkannten dabei, daß diese Rezeptoren für modifiziertes Lipoprotein auch andere komplexe Makromoleküle binden, die an Makrophagen biologische Phänomene, wie z. B. die Synthese und Freisetzung von

Abb. 12. Darstellung der „scavanger-Rezeptoren" der Rattenleber
Fluoreszenzmarkiertes modifiziertes LDL wird intravenös verabreicht. Zur Darstellung der Leberzellen, die eine besonders hohe Akkumulation des fluoreszierenden Lipoproteins zeigen, wird eine Fluoreszenzmikroskopie an Leberdünnschnitten durchgeführt. Das acetyl-LDL wird ganz überwiegend von den sinusoidalen Endothelzellen aufgenommen, nicht aber von den Hepatozyten.

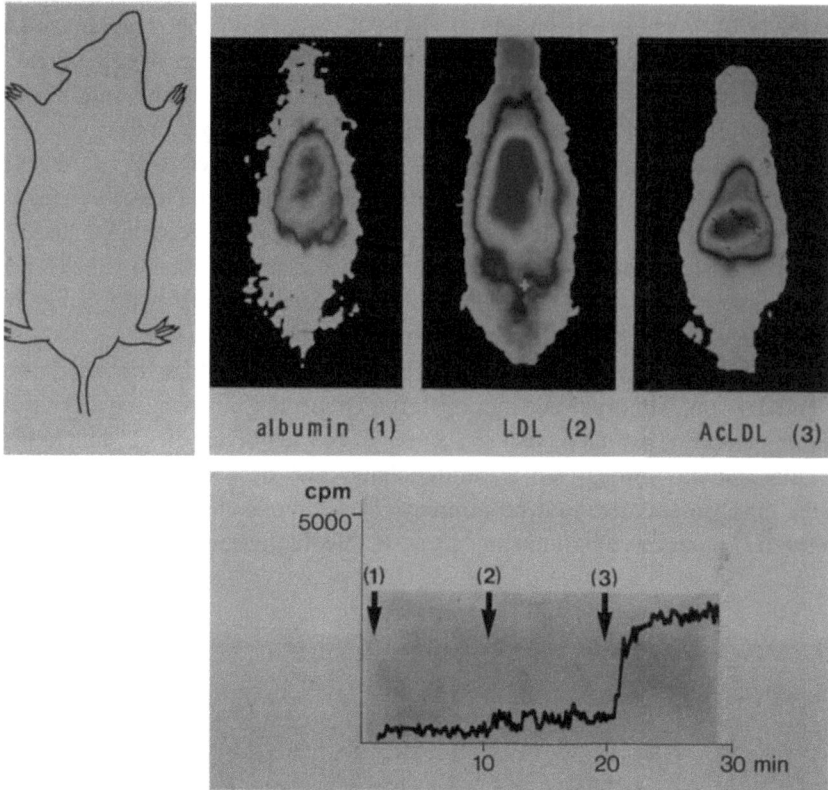

Abb. 13. Darstellung des acetyl-LDL-Rezeptors der Rattenleber durch sequentielle Szintigraphie

Im obersten Teil der Abbildung sind Szintigramme einer narkotisierten Ratte, die durch sequentielle Szintigraphie nach intravenösen Bolusinjektionen von (^{99}Tn)-Albumin, (^{131}J)-LDL und (^{131}J)-acetyl-LDL untersucht wurde. Die Szintigramme geben die Relativverteilung der Radioisotopen wieder: Rot bedeutet eine höhere Radioaktivität als gelb, grün, blau und weiß. Die Kurvenprofile im unteren Teil der Abbildung zeigen die Akkumulationsrate der Isotopen in der Leberregion. Die Injektionen erfolgten zum Zeitpunkt 0, nach 10 min und 20 min.

Zuerst wurde (^{99}Tn)-Albumin zur Kontrolle der Organperfusion der Organe injiziert. Wir für zirkulierende Plasmaproteine zu erwarten, erscheint das Herz in Rot, ebenso wie die Leber, das Organ mit dem größten Blutpool. In der Leber erfolgt keine wesentliche Aufnahme. Eine langsame Akkumulation von Radioaktivität ist nach Injektion von nativem (^{131}J)-LDL in der Leber zu sehen (10–20 min), die Leber erscheint vermehrt in Rot. Zuletzt wurde (^{131}J)-acetyl-LDL zur Darstellung des „scavanger-Rezeptors" injiziert (20 min). Eine sehr schnelle Aufnahme von (^{131}J)-acetyl-LDL durch die Leber erfolgt schon unmittelbar nach Injektion. Die Leber erscheint deshalb sofort in Rot. Die Leberaufnahme des acetyl-LDL kann vollständig von Kompetitoren am scavanger-Rezeptor blockiert werden.

Abb. 14. Darstellung des „scavanger"-Rezeptors der Rattenleber durch „Ligandenblotting"

Die Lebermembranproteine wurden solubilisiert und durch Elektrophorese in Polyacrylamid-Trägergelen aufgetrennt. Zur Darstellung des Rezeptors werden die Proteine auf Nitrozellulosepapierstreifen transferiert und mit acetyl-LDL inkubiert. Das acetyl-LDL bindet an das Membranprotein, das als „scavenger-Rezeptor" der Lebermembran das Lipoprotein spezifisch erkennt. Die Bindung wird durch einen spezifischen Antikörpertest (anti-LDL-ELISA) sichtbar gemacht.

Interferon und neutralen Proteasen triggern. Interessanterweise liegen diese Rezeptoren im gesunden Versuchstier in hoher Konzentration in den sinusoidalen Endothelzellen der Leber, wo sie sehr effektiv modifiziertes LDL aus der Zirkulation entfernen und dadurch ein Sieb für atherogene LDL-Partikel bilden könnten (Abb. 12–14). Letztlich ist die Bedeutung dieser Ersatz-LDL-Rezeptoren noch unklar. Bemerkenswert erscheint uns im Augenblick jedoch, daß Induktoren der Interferonsynthese wie Polyinosinsäure, eine Substanz, die diese Rezeptoren in vivo blockiert, in Kaninchen unter cholesterinreicher und atherogener Diät die Ausbildung einer Gefäßarteriosklerose verhindern oder zumindest deutlich verzögern können. Man darf diesen Befund durchaus so deuten, daß der Stoffwechsel des LDL im Monozyten/Makrophagen in vivo, wenn diese Zellen massiv in die Arterienwand eingeschleust werden, an der Ausbildung der frühen Plaquephänomene eine wichtige Rolle spielt. Auch für Chylomikronen-Restpartikel und IDL sind hochaffine Rezeptoren der Makrophagen nachgewiesen worden, so daß auch diese Partikel die Leber, das zentrale Organ im Katabolismus der Blutfette, umgehen könnten und einen Weg in die Monozyten/Makrophagen finden sollten.

An der Frage nach den zellulären Mechanismen der Arteriosklerose wird deutlich, daß zahlreiche Aspekte noch zu bearbeiten sind, um die komplexe Wechselwirkung der Lipoproteine mit den Zellen der Arterienwand verstehen zu lernen.

VII. Senkung des Cholesterinspiegels und Erkrankungshäufigkeit an koronaer Herzkrankheit

Ein zentrales Anliegen war in den letzten Jahren, zu beweisen, daß eine Senkung der Serumcholesterinspiegels auch tatsächlich zu einem Rückgang der koronaren Herzkrankheit in den westlichen Industriegesellschaften führt. Zur Überprüfung der sogenannten „Lipidhypothese" wurde deshalb das Lipid Research Clinics (LRC) Programm konzipiert. Dieses Programm hatte drei Hauptziele:

1. die Bedingungen zur Erkennung und Behandlung von Hyperlipidämien durch ein Netz von Laboratorien in sogenannten Lipid Research Clinics zu verbessern,
2. epidemiologische Daten von großen Bevölkerungsgruppen zu sammeln und
3. durch den sogenannten Coronary Primary Prevention Trial (CPPT) die Lipidhypothese experimentell zu testen.

Bis 1984 wurden in den USA, Kanada, Israel und der UdSSR 80 000 Patienten untersucht und deren Lipid- und Lipoproteinprofile ermittelt, um die Prävalenz der Dyslipoproteinämien in den Bevölkerungsgruppen zu bestimmen. In den USA und Kanada wurden große Familienstudien begonnen und die genetischen Faktoren, die Lipide und Lipoproteine bestimmen, zu charakterisieren. Es sollte ermittelt werden, welche Bedeutung die genetischen Faktoren und die Umweltfaktoren haben. Durch eine Langzeitstudie in den USA und der UdSSR konnte der qualitative und quantitative Zusammenhang von Risikostatus und Mortalität an koronaer Herzkrankheit unter besonderer Beachtung der Lipoproteinprofile dargestellt werden.

Innerhalb des LRC-Programms wurden dann im letzten Jahr Zwischenergebnisse des CPPT-Versuchs veröffentlicht, die zu einem Meilenstein in der Präventivmedizin werden dürften. Es wurde gezeigt, daß durch die Senkung des Gesamtcholesterins im Blut und eine Absenkung des LDL-Cholesterins sehr deutlich die Erkrankungshäufigkeit und Sterblichkeit an den Folgen der koronaren Herzkrankheit bei Individuen erreicht wird, die aufgrund erhöhter LDL-Cholesterinspiegel ein erhöhtes Risiko haben. Die Effektivität einer Senkung des Cholesterinspiegels zeigt sich im einzelnen an folgenden Ergebnissen des CPPT: 3806 asymptomatische Männer im mittleren Lebensalter wurden über mehrere Jahre mit Cholestyramin behandelt, einem Ionenaustauscher, der im Darm die Gallensäuren bindet und zu einer erhöhten hepatischen Ausscheidung von Cholesterin über die Gallensäuren führt. Damit gelang es, das Gesamtcholesterin um 8,5% und das LDL-Cholesterin um 12,6% zu reduzieren. Zur Kontrolle wurde eine sorgfältig ausgewählte Gruppe von Individuen beobachtet, die Placebos erhielt. Die Cholestyramingruppe hatte eine um 19% niedrigere Todesrate und Erkrankungshäufigkeit an Herzinfarkten ($p < 0{,}05$). Wie erwartet waren in dieser Gruppe auch Angina pectoris, pathologische Stromkurven im Belastungs-EKG und die Notwendigkeit von aortokoronaren Venenbypässen entsprechend seltener.

Da die Verläßlichkeit der Medikamenteneinnahme bei solchen Langzeituntersuchungen immer die Resultate beeinflußt, wurde beim CPPT auch die Todesrate und Erkrankungshäufigkeit in Untergruppen aufgeschlüsselt. Dabei wird die Atherogenität des LDL-Cholesterins noch deutlicher. Die Gruppe von Individuen, deren LDL-Cholesterin um 35% gesenkt werden konnte (was einer Senkung des Gesamtcholesterins um 25% entspricht), hatte ein um 49% reduziertes Erkrankungsrisiko. Man muß bedenken, daß diese Werte mühelos zu erreichen sind, wenn die volle Dosis des Medikaments eingenommen wird!

Welche Schlüsse sollten wir aus dem LRC-CPPT-Programm jetzt ziehen?

1. Es ist voll zu rechtfertigen, jüngere Patienten mit Hypercholesterinämie zu behandeln. Je früher die Behandlung beginnt, desto erfolgreicher sollte sie sein. Eine Hypercholesterinämie, die behandlungswürdig ist, wird unter Berücksichtigung des Lebensalters definiert. Die Faustregel ist: Die Absenkung eines erhöhten Cholesterinspiegels um 1% bringt eine Reduktion des Erkrankungsrisikos der KHK um 2%!
2. Obwohl die LRC-CPPT-Studie nicht den Einfluß des Nahrungscholesterins untersuchte, muß eine Reduktion des Cholesterins in der Nahrung der Bevölkerung der westlichen Industriegesellschaften angestrebt werden. Es ist wohl selbstverständlich, daß eine medikamentöse Beeinflussung des Cholesterinspiegels erst in Frage kommt, wenn durch die Reduktion des Nahrungscholesterins Normalwerte nicht erreicht werden können.

Literatur

Ad I–IV

ALBERS JJ, CHENG MC, HAZZARD WR (1978) High density lipoproteins in myocardial infarction survivors. Metabolism 27:479–485

ASSMANN G (1982) Lipid metabolism and atherosclerosis. Schattauer Verlag, Stuttgart New York

BERG K, BORRESEN A, DEHLEN G (1976) Serum-high-density lipoprotein and atherosclerotic heart disease. Lancet 1:499–501

BROWN MS, GOLDSTEIN JL (1975) Lipoprotein receptors and the genetic control of cholesterol metabolism in cultured human cells. Naturwissenschaften 62:385–389

BROWN MS, GOLDSTEIN JL (1979) Receptor-mediated endocytosis: Insights from the lipoprotein receptor system. Proc Natl Acad Sci USA 76:3330–3334

BROWN MS, KOVANEN PT, GOLDSTEIN JL (1981) Regulation of plasma cholesterol by lipoprotein receptors. Science 212:628–635

BROWN MS, GOLDSTEIN JL (1983) Lipoprotein receptor in the liver. J Clin Invest 72:743–747

FIELDING CJ (1978) Origin and properties of remnant lipoproteins. In: DIETSCHY JM, GOTTO AM Jr, ONTKO JA (Hrsg) Disturbances in lipid and lipoprotein metabolism. Waverly Press, Inc, Baltimore, S 83–98

FREDRICKSON DS, LEVY RI, LEES RS (1967) Fat transport in lipoproteins – an integrated approach to mechanisms and disorders. N Engl J Med 276:32, 94, 148, 215, 273

FREDRICKSON DS, LEVY RI (1972) Familial hyperlipoproteinemia. In: STANBURY JB, WYNGAARDEN JB, FREDRICKSON DS (Hrsg) Metabolic basis of inherited diseases. McGraw-Hill, New York, S 545–614

FREDRICKSON DS, GOLDSTEIN JL, BROWN MS (1978) The familial hyperlipoproteinemias. In: STANBURY JB, WYNGAARDEN JB, FREDRICKSON DS (Hrsg) Metabolic basis of inherited diseases. McGraw-Hill, New York, S 604–655

GOLDSTEIN JL, HAZZARD WG, SCHROTT HG, BIERMAN E, MOTULSKY AG (1973) Hyperlipidemia in coronary artery disease. I. Lipid levels in 500 survivors of myocardial infarction. J Clin Invest 52:1533–1550

GOLDSTEIN JL, SCHROTT HG, HAZZARD WR, BIERMAN EL, MOTULSKY AG (1973) Hyperlipidemia in coronary artery disease. II. Genetic analysis of lipid levels in 176 families and delineation of a new inherited disorder, combined hyperlipidemia. J Clin Invest 52:1544–1568

GOLDSTEIN JL, BROWN MS (1977) The low density lipoprotein pathway and its relation to atherosclerosis. Ann Rev Biochem 46:897–930

GOLDSTEIN JL, BROWN MS (1979) The LDL receptor locus and the genetics of familial hypercholesterolemia. Ann Rev Genet 13:259–289

GOLDSTEIN JL, BROWN MS (1984) Progress in understanding the LDL receptor and HMG-CoA reductase, two membrane proteins that regulate the plasma cholesterol. J Lipid Res 25:1450–1461

GOTTO AM Jr (1978) Hyperlipidemia: Finding the patient at risk. Mod Medicine 6:62–74

HUMPHRIES SE, HORSTHEMKE B, SEED M, HOLM M, WYNN V, KESSLING AM, DONALD JA, JOWETT N, GALTON DJ, WILLIAMSON R (1985) A common DNA polymorphism of the LDL receptor gene and its use in diagnosis. Lancet May 4, 1985:1003–1006

INKELES S, EISENBERG D (1981) Hyperlipidemia and coronary atherosclerosis: a review. Medicine 60:110–123

LEHRMAN MA, GOLDSTEIN JL, BROWN MS, RUSSELL DW, SCHNEIDER WJ (1985) Internalization-defective LDL receptors produced by genes with nonsense and frameshift mutations that truncate the cytoplasmic domain. Cell 41:735–743

LEWIS B (1981) Genes and nutrition in the regulation of human lipoprotein metabolism. Klin Wschr 59:1037–1042

MAHLEY RW, HUI DY, INNERARITY TL, WEISGRABER KH (1981) Two independent lipoprotein receptors on hepatic membranes of dog, swine and man. J Clin Invest 68:1192–1206

MAHLEY RW (1983) Apolipoprotein E and cholesterol metabolism. Klin Wschr 61:225–232

MAHLEY RW, INNERARITY TL, RALL SC Jr, WEISGRABER KH (1984) Plasma lipoproteins: apoprotein structure and function. J Lipid Res 25:1277–1294

MILLER NE (1979) Plasma lipoproteins, lipid transport, and atherosclerosis: recent developments. J Clin Pathol 32:639–650

MILLER NE, LA VILLE A, COOK D (1985) Direct evidence that reverse cholesterol transport is mediated by high density lipoprotein in rabbit. Nature 314:109–111

PITTMAN RC, STEINBERG G (1984) Sites and mechanisms of uptake and degradation of high density and low density lipoproteins. J Lipid Res 25:1577–1585

RUSSELL DW, SCHNEIDER WJ, YAMAMOTO T, LUSKEY KL, BROWN MS, GOLDSTEIN JL (1984) Domain map of the LDL receptor: Sequence homology with the epidermal growth factor precursor. Cell 37:577–585

SCHMITZ G, ROBENECK H, LOHMANN U, ASSMANN G (1985) Interaction of HDL with cholesteryl ester laden macrophages: biochemical and morphological characterization of cell surface receptor binding endocytosis and resecretion of HDL by macrophages. The EMBO J 4:613–622

SCHNEIDER WJ, KOVANEN PT, BROWN MS, GOLDSTEIN JL, UTERMANN G, WEBER W, HAVEL RJ, KOTITE L, KANE JP, INNERARITY TL, MAHLEY RW (1981) Familiar dysbetalipoproteinemia: Abnormal binding of mutant apoprotein E to low density lipoprotein receptors of human fibroblasts and membranes from liver and adrenals of rats, rabbits, and cows. J Clin Invest 68:1075–1085

SHERILL BC, INNERARITY TL, MAHLEY RW (1980) Rapid hepatic clearance of the canine lipoproteins containing only the E apoprotein by a high affinity receptor. Identity with the chylomicron remnant transport process. J Biol chem 255:1804–1807

SPARKS JD, SPARKS CE (1985) Apolipoprotein B and lipoprotein metabolism. Adv Lipid Res 24:1–47

STEINBERG D (1983) Lipoproteins and atherosclerosis. A look back and a look ahead. Arteriosclerosis 3:283–301

SÜDHOF TC, GOLDSTEIN JL, BROWN MS, RUSSELL DW (1985) The LDL receptor gene: A mosaic of exons shared with different proteins. Science 228:885–893

SÜDHOF TC, RUSSELL RW, GOLDSTEIN JL, BROWN MS, SANCHEZ-PESCADOR R, BELL GI (1985) Cassette of eight exons shared by genes for LDL receptor and EGF precursor. Science 228:893–895

TOLLESHAVY H, HOBGOOD KK, BROWN MS, GOLDSTEIN JL (1983) The LDL receptor locus in familial hypercholesterolemia: multiple mutations disrupt transport and processing of a membrane receptor. Cell 32:941–951

TURLEY SD, DIETSCHY JM (1982) Cholesterol metabolism and excretion. In: ARIAS I, POPPER H, SCHACHTER D, SHAFRITZ DA (Hrsg) The Liver: Biology and Pathobiology. Raven Press, New York, S 467–492

UTERMANN G, JAESCHKE M, MENZEL J (1975) Familial hyperlipoproteinemia type III: deficiency of a specific apolipoprotein (apo E-III) in the very-low-density lipoproteins. FEBS Lett 56:352–355

UTERMANN G (1978) Genetik familiärer Hyperlipopidämien. Internist 19:465–469

UTERMANN G, LANGENBECK U, BEISIEGEL U. WEBER W (1980) Genetics of the apoprotein E system in man. Am J Hum Genet 32:339–347

WEISGRABER KH, RALL SC, MAHLEY RW (1981) Human E apoprotein heterogenity. Cystein-arginine interchanges in the amino acid sequence of the apo E isoforms. J Biol Chem 256:9077–9083

Ad V

Brown MS, Goldstein JL, Krieger M, Ho YK, Anderson RGW (1979) Reversible accumulation of cholesteryl esters in macrophages incubated with acetylated lipoprotein. J Cell Biol 82:597–613

Brown MS, Basu SK, Falck JL, Ho YK, Goldstein JL (1980) The scavanger cell pathway for lipoprotein degradation: Specificity of the binding site that mediates the uptake of negatively charged LDL by macrophages. J Supramolec Struct 13:67–81

Brown MS, Goldstein JL (1983) Lipoprotein metabolism in the macrophages: Implications for cholesterol deposition in atherosclerosis. Ann Rev Biochem 52:223–261

Brown MS, Goldstein JL (1985) Arteriosklerose und Cholesterin: die Rolle der LDL-Rezeptoren. Spektrum der Wissenschaft Januar 1985:96–106

Dresel HA, Otto I, Weigel H, Schettler G, Via DP (1984) A simple and rapid antiligand enzyme immunoassay for visualization of low density lipoprotein membrane receptors. BBA 795:452–457

Dresel HA, Schettler G, Via DP (1984) Solubilization and purification of an acetyl-LDL binding membrane protein from human leukocytes. AAS 16:153–161

Dresel HA, Friedrich E, Via DP, Schettler G, Sinn H (1985) Characterization of binding sites for acetylated low density lipoprotein in the rat in vivo and in vitro. The EMBO J 4:1157–1162

Dresel HA, Friedrich E, Otto I, Waldherr R, Schettler G (1985) The low density lipoprotein receptors and their possible importance in the pathogenesis of atherosclerosis. Arzneimittelforschung/Drug Research, im Druck

Fogelman AM, Schechter I, Seager J, Hokom M, Child JS, Edwards PA (1980) Malondialdehyde alteration of low density lipoproteins leads to cholesteryl ester accumulation in human monocyte-macrophages. Proc Natl Acad Sci USA 77:2214–2218

Goldstein JL, Brown MS (1977) Atherosclerosis: The low density lipoprotein receptor hypothesis. Metabolism 26:1257–1275

Goldstein JL, Ho YK, Basu SK, Brown MS (1979) Binding site on macrophages that mediates uptake and degradation of acetylated low density lipoprotein, producing massive cholesterol deposition. Proc Natl Acad Sci USA 76:333–337

Goldstein JL, Hoff HF, Ho YK, Basu SK, Brown MS (1981) Stimulation of cholesteryl ester synthesis in macrophages by extracts of atherosclerotic human aortas and complexes of albumin/cholesteryl esters. Arteriosclerosis 1:210–226

Henriksen T, Mahoney EM, Steinberg D (1981) Enhanced macrophage degradation of low density lipoprotein previously incubated with cultured endothelial cells: Recognition by the receptor for acetylated low density lipoproteins. Proc Natl Acad Sci USA 78:6499–6503

Henriksen T, Mahoney EM, Steinberg D (1981) Enhanced macrophage degradation of biologically modified low density lipoprotein. Arteriosclerosis 3:149–159

Kuo PT, Wilson AC, Goldstein RC, Schaub RG (1984) Suppression of experimental atherosclerosis in rabbits by interferon-inducing agents. J Am Coll Cardiol 3:129–134

Pitas RE, Boyles J, Mahley RW, Bissell DM (1985) Uptake of chemically modified low density lipoproteins in vivo is mediated by specific endothelial cells. J Cell Biol 100:103–117

Via DP, Dresel HA, Cheng SL, Gotto AM Jr (1985) Murine macrophage-derived tumors are a source of a 260000 Dalton acetyl-LDL receptor. J Biol Chem 260:7379–1386

Ad VI

Gerrity RG (1981) Transition of blood-borne monocytes into foam cells in fatty lesion. Am J Pathol 103:181–190

Gerrity RG (1981) Migration of foam cells from atherosclerotic lesions. Am J Pathol 103:191–200

Haley NJ, Shio H, Fowler S (1977) Characterization of lipid-laden aortic cells from cholesterol-fed rabbits. I. Resolution of aortic cell populations by metrizamid density gradient centrifugation. Lab Invest 37:287–297

Irris I, Zand T, Nunnari JJ, Krolikowski FJ, Majno G (1983) Studies on the pathogenesis of atherosclerosis. I. Adhesion and emigration of mononuclear cells in the aorta of hypercholesterolemic rats. Am J Pathol 113:341–358

Ross R (1981) Atherosclerosis: A problem of the biology of arterial wall cells and their interaction with blood components. Arteriosclerosis 1:293–311

Ross R (1985) The pathogenesis of atherosclerosis – recent progress. N Engl J Med, im Druck

Schaffner T, Taylor K, Bartucci BA, Fischer-Dzoga K, Beason JH, Glagov S, Wissler RW (1980) Arterial foam cell with distinctive immunopathologic and histochemical features of macrophages. Am J Pathol 100:57–80

Ad VII

Gillum RF, Folsom AR, Blackborn H (1984) Decline in coronary heart disease mortality. Am J Medicine 76:1055–1065

Grundy SM (1984) Hyperlipoproteinemia: metabolic basis and rationale for therapy. Am J Cardiol 54:20C–26C

Rifkind BM (1984) Lipid Research Clinics Primary Prevention Trial: Results and implications. Am J Cardiol 54:30C–34C

Tyroler HA (1984) An overview of Lipid Research Clinics (LRC) epidemiologic studies as background for the LRC Coronary Primary Prevention Trial. Am J Cardiol 54:14C–19C

Sitzungsberichte der Heidelberger Akademie der Wissenschaften
Mathematisch-naturwissenschaftliche Klasse

Die Jahrgänge bis 1921 einschließlich erschienen im Verlag von Carl Winter, Universitätsbuchhandlung in Heidelberg, die Jahrgänge 1922–1933 im Verlag Walter de Gruyter & Co. in Berlin, die Jahrgänge 1934–1944 bei der Weißschen Universitätsbuchhandlung in Heidelberg. 1945, 1946 und 1947 sind keine Sitzungsberichte erschienen.

Ab Jahrgang 1948 erscheinen die „Sitzungsberichte" im Springer-Verlag.

Inhalt des Jahrgangs 1981:
1. F. Kirchheimer. Die Medaillen der Kurpfälzischen Akademie der Wissenschaften. DM 23,–.
2. S. Berking. Zur Rolle von Modellen in der Entwicklungsbiologie. DM 24,50.
3. Th. Wieland. Moderne Naturstoffchemie am Beispiel des Pilzgiftstoffes Phalloidin. DM 19,–.
4. S. Sambursky. Religion und Naturwissenschaft im spätantiken Denken. DM 10,50.

W. Doerr, W. Hofmann, A.J. Linzbach, K. Rother, F. Seitelberger. Neue Beiträge zur Theoretischen Pathologie. Herausgegeben von H. Schipperges. Supplement. Geb. DM 62,–.

Th. Henkelmann. Zur Geschichte des pathophysiologischen Denkens. John Brown (1735–1788) und sein System der Medizin. Supplement. Geb. DM 54,–.

Inhalt des Jahrgangs 1982:
1. E.G. Jung. Licht und Hautkrebse. Modelle und Risikoerfassung. DM 26,–.
2. H.H. Schaefer. Georg Cantor und das Unendliche in der Mathematik. DM 17,50.
3. G. Greiner. Spektrum und Asymptotik stark stetiger Halbgruppen positiver Operatoren. DM 18,50.
4. W. Doerr. Cancer à deux. DM 13,80.
5. W. Jaeger. Untersuchungen zu Farbkonstanz und Farbgedächtnis. DM 12,80.
6. H. Habs. Die sogenannte Pest des Thukydides. Versuch einer epidemiologischen Analyse. DM 24,80.

B.M. Thimm. Brucellosis. Distribution in Man, Domestic and Wild Animals. Supplement. Geb. DM 45,–.

G. Breitfellner. Der Sekundenherztod. Ein morphologisches, funktionelles und sektionsstatistisches Profil. Supplement. Geb. DM 128,–.

Inhalt des Jahrgangs 1983:
1. H. Maier-Leibnitz. Die Verantwortungen des Naturwissenschaftlers. DM 8,–.
2. F. Cramer. „Denn nur also beschränkt war je das Vollkommene möglich...". Eine wissenschaftstheoretische Interpretation von Goethes Gedicht „Metamorphose der Tiere". DM 8,80.
3. H. Schaefer. Über die Wirkung elektrischer Felder auf den Menschen. DM 37,–.
4. W. Doerr. Altern – Schicksal oder Krankheit? DM 13,50.
5. F. Kirchheimer. Die Jubiläumsmedaillen 1686 und 1786 der Universität Heidelberg. DM 19,80.
6. H. Mohr. Evolutionäre Erkenntnistheorie – ein Plädoyer für ein Forschungsprogramm –. DM 8,80.

H. Wellmer. Dengue Haemorrhagic Fever in Thailand. Supplement. Geb. DM 52,–.

H. Schipperges. Historische Konzepte einer Theoretischen Pathologie. Supplement. Geb. DM 69,–.

MIX
Papier aus verantwortungsvollen Quellen
Paper from responsible sources
FSC® C105338

If you have any concerns about our products,
you can contact us on
ProductSafety@springernature.com

In case Publisher is established outside the EU,
the EU authorized representative is:
Springer Nature Customer Service Center GmbH
Europaplatz 3, 69115 Heidelberg, Germany

Printed by Libri Plureos GmbH
in Hamburg, Germany